ERNÄHRUNGSFORSCHUNG UND ZUKÜNFTIGE LEBENSMITTELCHEMIE

VON

Prof. Dr. phil. habil. K. TÄUFEL
INSTITUT FÜR ERNÄHRUNG UND VERPFLEGUNGS-WISSENSCHAFT IN POTSDAM-REHBRÜCKE

1950

AKADEMIE-VERLAG · BERLIN

Erschienen im Akademie-Verlag GmbH., Berlin NW 7, Schiffbauerdamm 19
Lizenz-Nr. 156 — 100/8/50
Bestell- und Verlagsnummer: 5053

1. Die Lebensmittelforschung in der Vergangenheit

Instinkt, Erfahrung und Überlieferung sind die Lehrmeister gewesen, die den Menschen in seiner Jahrtausende alten Geschichte unter Anpassung an die klimatischen, wirtschaftlichen und sozialen Verhältnisse zu seinen regional und national unterschiedlichen Kostformen geführt haben. An dieses Erfahrungsgut anknüpfend, setzte vor rund 100 Jahren, nachdem vor allem die Chemie und ihre Sonderzweige in einer unvergleichlich raschen Entwicklung zu mannigfacher neuer Erkenntnis vorgedrungen waren, die systematische Erforschung von Nahrung und Ernährung ein. Man kann den Beginn dieser Periode mit dem Namen des vielfach angefeindeten Physiologen JACOB MOLESCHOTT verknüpfen, der in seinen beiden Büchern „Die Physiologie der Nahrungsmittel" (Darmstadt 1850) und „Lehre der Nahrungsmittel für das Volk" (Erlangen 1850) gleichsam das Signal für den fortschrittlich-wissenschaftlichen Aufschwung gegeben hat.

Von zwei Seiten her, sowohl von derjenigen der Ernährungsphysiologie (M. VON PETTENKOFER, CARL VON VOIT, M. RUBNER u. a.) wie auch derjenigen der Chemie bzw. Lebensmittelchemie (J. v. LIEBIG, J. KÖNIG u. a.) wird in einer ersten qualitativen Periode an Hand umfassender statistischer Erhebungen summarisch der Begriff „Nährstoff" (Eiweiß, Fett und Kohlenhydrate) in seinem chemischen, analytischen und physiologischen Inhalt geprägt. Fast gleichlaufend damit vollzieht sich, von dem Bestreben ausgehend, die Bilanz des lebendigen Organismus mit derjenigen der Lebensmittel bzw. ihrer Bestandteile abzugleichen, die wägende und messende Betrachtung. Als Frucht dieser Bemühungen gehen in das gesicherte Wissensgut ein das stoffliche Kostmaß, die bedingte Austauschbarkeit einzelner Nährstoffe (Gesetz von der Isodynamie der Nährstoffe nach M. RUBNER), die Kalorienlehre, die Lehre von den Mineralstoffen usw. Mit diesen Vorstellungen ist der Begriff des „Nährstoffwechsels" (substantieller Stoffwechsel) in zunächst befriedigender Weise umgrenzt und der diskutierenden Erörterung zugänglich gemacht. Die Nahrung muß nährstoff- und energiemäßig ausreichend sein, lautet im großen und ganzen die Forderung des Ernährungsphysiologen um die Jahrhundertwende.

Einen Wendepunkt bedeuten die Erfahrungen der zwangsläufigen Mangelernährung von Millionen von Menschen während und nach dem ersten Weltkrieg, tausendfältig vertieft und verbreitert durch den zweiten Weltkrieg und seine Folgeerscheinungen. Was vorher nur andeutungsweise vereinzelt und meist zusammenhanglos bekannt ist, daß nämlich die Lebenstüchtigkeit und das optimale Gedeihen des Körpers durch eine stofflich und energetisch als ausreichend betrachtete Nahrung nicht sichergestellt sind, tritt verstärkt in Erscheinung. Dem Begriff der „Nährstoffe" muß derjenige der „Wirkstoffe", dem „Nährstoffwechsel" der „Wirkstoffwechsel" ergänzend an die Seite gestellt werden. Man lernt erfahren, daß der das „Leben" charakterisierende dauernde Wechsel des Stoffes, demgegenüber das Können des Chemikers im Laboratorium und in der Technik ärmlich und dürftig erscheint, zur Durchführung der physiologisch-chemisch erforderlichen Auf-, Um- und Abbauprozesse bestimmter Stoffe in kleiner und kleinster Konzentration bedarf. Mannigfach ist die Zahl dieser „Wirkstoffe", die bedarfsmäßig eingesetzt oder ausgeschaltet werden und das stoffliche Geschehen in harmonisch geordnete Bahnen lenken. Die Ernährungsphysiologie steht gegenwärtig durchaus im Zeichen dieser Wirkstoffe.

Das tiefere Eindringen in das chemische Getriebe des lebendigen Körpers läßt erkennen, daß der historische Begriff des Nährstoffes, den man summarisch mit dem Kalorienwert in allerdings bewußt einschränkender Begrenzung zahlenmäßig zu erfassen glaubte, in seiner Bedeutung für die Ernährung differenziert werden muß. Es wird erwiesen, daß Eiweiß nicht gleich Eiweiß gesetzt werden darf, daß vielmehr bausteinmäßig sich physiologisch grundsätzlich äußernde Verschiedenheiten bestehen. Und so ist heute die unterschiedliche *biologische Wertigkeit der Proteine* zum Tatsachenbestand der Ernährungsphysiologie geworden. Zunehmend prägt sich aus, daß auch bei *Fetten und Kohlenhydraten* (bei letzteren vor allem in der Imunochemie) *das Prinzip einer biologischen Wertigkeit bzw. Spezifität* zu beachten ist. Welche Reichweite dafür in Betracht kommt, darüber muß die zukünftige Forschung Aufschluß geben.

Es zeichnet sich schon heute ab, daß auch mit einer rein bausteinmäßig begründeten biologischen Wertigkeit eine erschöpfende Charakteristik, z. B. der Eiweißstoffe, noch nicht erreicht wird. Vielmehr nehmen der Zustand und der Aufbau dieser polymer-homologen, makromolekularen Verbindungen im chemischen und physikalischen Sinne sowie bisher noch unbekannte andere Faktoren tiefgehenden Einfluß. Der Unterschied, z. B. zwischen tierischem und pflanzlichem Protein, die ganz verschiedenen Lebensbezirken entstammen, dürfte von dieser Seite her mitbestimmt werden. Hinzu kommt, daß der Effekt eines Eiweißstoffes, um bei diesem Nährstoff als Beispiel zu bleiben, recht unterschiedlich sein kann, je nachdem ob er bevorzugt in den Betriebs-, in den Wachstums- oder in den Regenerationsstoffwechsel eingeht.

Mit der Frage nach der biologischen Wertigkeit der Nährstoffe gewinnt insbesondere diejenige nach ihrem Minimum in physiologischer, hygienischer oder funktioneller Hinsicht besonderen Inhalt. Alle bisherigen zahlenmäßigen Angaben in dieser Richtung können bei der Kompliziertheit der Verhältnisse nur als Anhaltspunkte gewertet werden, die je nach den obwaltenden Bedingungen einer erläuternden oder ergänzenden Aussage bedürfen. Analoges gilt für alle Festsetzungen über den erforderlichen Mindestbedarf an Vitaminen. Man muß der Anschauung Raum geben, daß die seither zur Erhaltung der Gesundheit als notwendig erachteten Dosen nicht oder nicht immer die optimale Funktionstüchtigkeit des Körpers sicherstellen, sondern daß sie in Anpassung an den Zustand des Körpers abzuwandeln sind. In überzeugender Weise ist dies z. B. für das Vitamin C erwiesen worden, bei dem nach A. Scheunert eine zusätzliche Tagesgabe von etwa 100 mg die Leistungsfähigkeit und die Abwehrkraft gegen Anfälligkeit wesentlich erhöht.

Die neueren Fortschritte auf dem Gebiete der Ernährung des Menschen lassen erkennen, daß an die Stelle der bisher meist statischen eine mehr dynamische Betrachtungsweise zu treten hat. Der Wert eines Lebensmittels kann nicht einseitig vom Standpunkt der analytischen Zusammensetzung aus erfaßt, das Urteil muß vielmehr von der Seite des funktionellen Einsatzes im Getriebe des Stoffwechsels gestützt werden. Eine solche substantiell und funktionell, also zweiseitig ausgerichtete Forschungsweise, d. h. die engste Verknüpfung von Ernährungsphysiologie und Lebensmittelchemie, kann wichtiger Wegweiser zur Bearbeitung und zur weiteren Klärung der zahllosen Probleme über Nahrung und Ernährung sein.

2. Die Lebensmittel als physiologisch-chemische Substanz

Chemisch betrachtet ist das, was wir „Leben“ nennen, durch einen dauernden Wechsel in der Erscheinungsform des Stoffes gekennzeichnet. In zeitlich und räumlich innigster Verknüpfung laufen Vorgänge des Aufbaues (Assimilation), des Umbaues und des Abbaues (Dissimilation) neben- und miteinander ab. Die Zelle vollbringt dabei, präparativ gesehen, unglaubliche chemische Leistungen, trotzdem ihr die uns geläufigen Möglichkeiten des hohen Druckes, der erhöhten Temperatur, der starken Säuren oder der starken Laugen usw. aus physiologischen Gründen nicht zugänglich sind. Es müssen also für die erforderlichen Umsetzungen andere Mittel zur Verfügung stehen.

Über die Vorstellungen der klassischen Chemie hinaus wissen wir aus den Forschungen der letzten Jahre, daß zusätzlich zur Struktur der komplizierte physikalisch-chemische Zustand der lebenden Substanz von Bedeutung ist. Er wird vor allem durch zwischenmolekulare Kräfte (polare und apolare Bindungen in den Molekülen, Ionenbildung und Elektrovalenz, Aktivierung, Assoziation, Symplexbildung und Hydratation, Grenzflächenerscheinungen usw.) tiefgehend beeinflußt und aufrechterhalten. Der Unterschied zwischen einer Verbrennung, z. B. in vivo und in vitro, ist derart in die Augen springend, daß zwingend die Frage nach dem obwaltenden Reaktionschemismus zu stellen ist. Für dessen Erfassung aber, und damit für die Vorstellungen über das Wesen der lebenden Substanz und das Problem des Lebens überhaupt, ist die kinetische und thermodynamische Erörterung unerläßlich. Aus solchen Betrachtungen der biochemischen Forschung, deren Ergebnisse leider noch unzulänglich sind, ist schon heute die Folgerung zu ziehen, daß der Ablauf der verschiedensten Prozesse im Organismus durch die unlösbare Verknüpfung mit exergonischen Reaktionen möglich wird, ein Umstand, der für die Umsetzungen in vitro meist nicht gegeben ist.

Die Physiologie des Lebens verlangt einen gesteuerten Stoffumsatz; jedwedes chaotische Geschehen ist lebensabträglich und führt zu „pathologischen“, zu „krankhaften“ Erscheinungen (z. B. das hemmungslose Wuchern der Gewebe bei Krebs). Damit nun der Stoffwechsel in der lebensnotwendigen Ordnung verläuft, sind, abgesehen von den eben erwähnten chemisch-physikalischen Voraussetzungen, weitere Steuerungsregulatoren erforderlich. Hier setzt das Leben die schon angeführten Wirkstoffe (Katalysatoren) ein, die exogen mit der Nahrung zugeführt (z. B. Vitamine) oder im Körper (endogen) produziert werden (z. B. Fermente, Hormone). Auch diese wirkungsstarken Verbindungen unterliegen einem übergeordneten Regulierungsmechanismus. Im menschlichen und tierischen Organismus werden für diese Zwecke neben der nervösen Regelung wiederum aus besonderen endokrinen Drüsen spezielle Wirkstoffe (z. B. die Hormone aus der Hypophyse, das thyreotrope, das adrenotrope, das laktotrope, das gonadotrope Hormon usw.) sezerniert, die ihrerseits wenigstens zum Teil den Einsatz der Zellenzyme steuern. Auf diese verwickelte und heute noch fast unüberblickbare Vielheit des Geschehens gründet sich die strenge Ordnung des Auf-, Um- und Abbaues in der Chemie des Lebens.

Weitaus die Mehrzahl unserer Lebensmittel entstammt einer derart organisierten lebenden Substanz und kehrt zweckbestimmt bei der Ernährung in ein solches physiologisches Milieu zurück. Sie als bloße, überaus kompliziert zusammengesetzte Stoffgemische auffassen zu wollen, kann deshalb nur zu einer statistischen und lückenhaften Vorstellung führen. Lebensmittel müssen vielmehr als „geordnete Systeme“ angesehen werden, und die Feststellung ihrer schlechthin „normalen“ Zusammensetzung gewinnt bei einer solchen Betrachtungsweise einen tieferen, einen physiologisch-chemischen Sinn. Es erscheint nicht abwegig, zwischen physiologisch „normalen“ und „anormalen“ Lebensmitteln zu unterscheiden. Daraus ergeben sich weitreichende Folgerungen für den Ernährungseffekt.

Macht man sich diese Anschauungen zu eigen, dann schält sich grundsätzlich eine zwanglose Differenzierung der Lebensmittel heraus. Soweit es sich um „ganze“ Produkte handelt, wie z. B. um eine Kartoffel, um ein Getreidekorn, die selbst als lebendige Einheit zu betrachten sind, ist damit auch die „Ganzheit des Lebens" erhalten. Wenn aber aus der Kartoffel Trockenschnitzel, aus dem Weizenkorn Mehl hergestellt werden, wenn aus dem Tierkörper Muskelgewebe als Fleisch ausgelöst, wenn die Tomate, der Apfel von der Mutterpflanze abgetrennt sind, dann ist damit die chemische Harmonie des Lebens gestört. Die weiterlaufenden Umsetzungen streben nun, da die steuernden Einflüsse mehr oder minder weitgehend ausfallen, entsprechend dem Gesetz der Entropie dem unphysiologischen Zustand einer Unordnung zwangsläufig zu. Damit aber sind Stoffänderungen zu erwarten, die in der Lebensmitteltechnologie als beeinträchtigende Vorgänge, z. B. als Lagerveränderungen, bekannt sind und die man zu verhindern sucht. Ein Maß für den Umfang und das Fortschreiten solcher Prozesse ist der Grad der Störung der physiologischen Ordnung.

Es liegt auf der Hand, daß die in dauerndem Wechsel sich befindliche Substanz der Lebensmittel neben den Produkten der vollendeten Assimilation auch solche der Dissimilation sowie solche des Zwischenstoffwechsels — letztere in wenn auch nur geringer Konzentration — enthalten muß. Damit erfährt die mögliche Vielheit der Bestandteile eines Lebensmittels eine weit über die bisherigen Vorstellungen hinausgehende Erweiterung. Wertet man die vorliegenden Kenntnisse über den Gesamtstoffwechsel, z. B. der Fette, Eiweißstoffe und Kohlenhydrate, in dieser Richtung aus, dann erhält das bisher vielfach nur statistisch erfaßte Vorkommen so mancher Verbindungen eine ursächliche Begründung. Die fast ubiquitäre Verbreitung der *Zitronensäure* in der pflanzlichen und tierischen Natur z. B. wird verständlich, wenn man berücksichtigt, daß diese Säure als wichtiger Zwischenstoff beim Auf-, Um- und Abbau der drei Hauptnährstoffe fungiert, daß sie als Wassserstoffüberträger bei der Gewebsatmung und auch sonst physiologisch (antirachitische, antioxygene Wirkung) eine wichtige Rolle spielt. Die *Milchsäure* des Fleisches stellt sich, von dieser Warte aus gesehen, als Intermediärprodukt des Kohlenhydratumsatzes im arbeitenden Muskel dar. Die in den Stärkearten auftretende *Phosphorsäure* (als Ester) entstammt den wichtigen Phosphorylierungsvorgängen beim Stoffwechsel. Das Auftreten von *Brenztraubensäure*, von *α-Ketoglutarsäure* usw., z. B. in Blut und Harn, ist stoffwechselphysiologisch zu fordern; das Vorkommen von *Acetoin* bzw. *Diacetyl* in biologischen Flüssigkeiten ist mit der Brenztraubensäure in Zusammenhang zu bringen.

Diese und ähnliche Gedankengänge vermitteln darüber hinaus wichtige Fingerzeige, was an Bestandteilen in den Lebensmitteln überhaupt zu erwarten ist; gerade solche Überlegungen sind es gewesen, die zur Auffindung der im anaeroben Kohlenhydratstoffwechsel sowie bei der β-Oxydation der Fettsäuren auftretenden *Essigsäure* (z. B. aus der Leber und aus gewissen natürlichen Glyzeriden isoliert) geführt haben.

Die vorher erörterten Zwischenprodukte des Stoffwechsels zeichnen sich, was strukturmäßig begründet und physiologisch zu erwarten ist, durch große Reaktionsbereitschaft aus. Legt man dies zugrunde, dann gewinnt man wertvolle Anhaltspunkte für die bei der Lagerung und Verarbeitung der Lebensmittel möglichen und zu erwartenden Veränderungen.

Die vorangehenden Darlegungen streben keine Vollständigkeit an; sie können nur Hinweise sein. Es zeichnet sich aber daraus deutlich ab, daß das Verständnis für das „Wesen“ und die „Eigenart“ eines Lebensmittels durch eine physiologisch-chemische Betrachtungsweise wesentlich vertieft wird. Auf eine höhere Ebene gehoben, werden dadurch ursächliche Zusammenhänge erkennbar, deren Auswertung in analytischer, lebensmitteltechnologischer und ernährungsphysiologischer Hinsicht wichtige Perspektiven zeigt. Man gewinnt gleichsam einen Ausgangspunkt, von dem aus sich ein gangbarer Weg durch das „Chaos“ der möglichen chemischen Umsetzungen an Lebensmitteln abzeichnet.

3. Das Wesen des Stoffwechsels

Der die „Chemie des Lebens“ beherrschende, harmonisch geordnete Stoffwechsel läßt sich, wenn man die wesentlichen Ziele in den Vordergrund rückt, registrierend in den Wachstums-, den Regenerations- und den Betriebsstoffwechsel aufgliedern. Liegt den beiden ersteren Umsetzungen bevorzugt das Prinzip des Stoffauf- und -umbaues zugrunde, so steht bei letzterem der zum Zwecke der Energiegewinnung (für Körperwärme, für den Ablauf der Lebensfunktionen, für Muskelarbeit usw.) durchzuführende Stoffabbau im Brennpunkt.

Es ist das Geheimnis des Lebens, daß Synthese einerseits und Zersetzung anderseits in der gleichen Zelle nebeneinander ablaufen; die steuernden Faktoren müssen also von scharf differenzierter, chemisch intensiver Wirksamkeit sein. Hinzu kommt — dies gilt besonders für den tierischen und den menschlichen Körper — daß sich die Bau- und die Betriebsstoffe nicht grundsätzlich voneinander unterscheiden. Der selbst aus Eiweiß aufgebaute Magen und Darm verdaut Eiweiß, ohne sich selbst zu verdauen; die Membran der tierischen Zelle (im Gegensatz zur pflanzlichen mit ihrer Cellulosemembran) besteht im wesentlichen aus den gleichen chemischen Verbindungen, wie sie in der Zelle selbst enthalten sind.

Die Erhaltung des Lebens und der Schutz gegen bedrohende Wechselfälle verlangen zuverlässige Sicherungen. Es ist zu fordern, daß sich der Ausfall oder Mangel eines bestimmten Nährstoffes in der Nahrung nicht unmittelbar lebensgefährdend auswirkt, daß ein Überangebot zu einer Vorratshaltung zweckmäßiger Art ausgenutzt wird, daß energieliefernde Abbauvorgänge nicht zu einer physiologisch schädigenden Überproduktion (von z. B. Wärme) führen, daß bei plötzlich gestoppter Muskelarbeit der Abbau nicht energievergeudend weiterläuft. Alle diese die Ökonomie des Körperhaushaltes betreffenden Umstände sind, in chemischer Betrachtungsweise gesehen, einheitlich auf die Prinzipien der Umwandelbarkeit der Nährstoffe sowie der „biologischen Reversibilität" der Vorgänge zurückzuführen. Die Voraussetzungen dafür werden dadurch erfüllt, daß alle Umsetzungen schrittweise über reaktionsbereite Intermediärprodukte geleitet werden, Zwischenglieder, an deren Erfassung und Kennzeichnung die chemisch-physiologische Forschung in rasch voranschreitender Arbeit erfolgreich tätig ist.

Die andeutungsweise aufgezeigten, überaus wirkungsvollen reaktionskinetischen Fähigkeiten des Organismus, die offensichtlich bisher unterschätzt worden sind, wie aus der Wiedereinbeziehung von Kohlendioxyd, von Essigsäure usw. in die Assimilation hervorgeht, finden ihre Grenzen da, wo es sich um Stoffe besonderer biologischer Wertigkeit handelt, wo also die körpereigene Synthese aus irgendwelchen, noch unbekannten Umständen nicht möglich ist. Hier wird dann die Zufuhr ganz bestimmter, „exogener" Stoffe mit der Nahrung zum zwingenden Gebot. Lebensnotwendige (essentielle) Aminosäuren mitbestimmen, wie schon erwähnt, den biologisch unterschiedlichen Wert eines Eiweißstoffes; die „essentiellen Fettsäuren“ eines Fettes (z. B. Linol-, Linolen-, Arachidonsäure) wirken sich, wie bekannt, im Ernährungseffekt aus; das Fehlen von Mineralstoffen führt zu Ausfallserscheinungen; Vitaminmangel stört den geregelten Umsatz des Stoffwechsels (z. B. durch Behinderung der Fermentbildung) und löst dadurch Funktionsbeschränkung, Funktionsuntüchtigkeit und Krankheit aus.

So stellt sich der „Stoffwechsel“ als ein Geschehen verwirrender, aber doch geordneter Vielfältigkeit dar. In dieses Milieu wird die von Pflanze und Tier synthetisierte Substanz als Lebensmittel eingeführt, um zum körpereigenen Gewebe umgebaut bzw. in die energieliefernden Dissimilationsvorgänge eingeschaltet zu werden. Ein erschöpfendes Verständnis für das wahre Wesen eines Lebensmittels und seine ernährungsphysiologische Bewertung sowie für die hinsichtlich seiner technologischen Verarbeitung sowohl in der Küche wie in der Lebensmittelindustrie zu stellenden Anforderungen muß also bei den Vorstellungen über den Stoffwechsel anknüpfen. Jede rein chemisch-stoffliche Betrachtung läßt wesentliche Gesichtspunkte unberücksichtigt.

4. Physiologische und nichtphysiologische Umsetzungen an Lebensmitteln

Im letzten Jahrzehnt sind unsere Kenntnisse über Einzelheiten des intermediären Stoffwechsels rasch fortgeschritten. Durch verfeinerte Forschungsmethoden (z. B. Verwendung von Nährstoffen bzw. ihren Bausteinen, die durch Einbau isotoper Elemente gekennzeichnet sind und auf diese Weise auf ihrem Wege im Organismus in analytisch zuverlässiger Weise verfolgt werden können), durch neuartige Arbeitsgeräte (Diaferometer, Ultrazentrifuge, Elektronenmikroskop, Spektrophotometer, Verteilungschromatographie usw.) und durch präzise Fragestellungen haben unsere Vorstellungen zunehmend Gestalt und Inhalt gewonnen. Der biologischen Grundforderung auf Sicherstellung des Lebens entsprechend, zeichnet sich klar ab, daß der Körper bei der Bereitstellung z. B. seines Fettes nicht auf eine einzige synthetische Darstellungsweise angewiesen ist, sondern daß ihm in Anpassung an die obwaltenden Umstände mehrere Wege offen stehen. Für die Bildung des Fettes in der Milch stehen der Kuh mindestens zur Verfügung die direkte Umwandlung von Kohlenhydrat, der Einsatz des Nahrungsfettes, der Aufbau aus Essigsäure bzw. Acetat. Die Heranziehung der Essigsäure zum Aufbau der langkettigen Fettsäuren ist übrigens durch Modellversuche mit isotoper Essigsäure ($CH_3C^{13}OOH$) erwiesen worden, wobei die C^{13}-Atome in der Fettsäure in alternierender Stellung auftreten.

Es wurde bereits erwähnt, daß für die „Chemie der lebendigen Substanz", wie F. KNOOP überzeugend dargetan hat, die „physiologische Reversibilität" der Vorgänge kennzeichnend ist. Die eine Seite der Umkehrbarkeit, nämlich der Aufbau, ist dabei unabdinglich mit dem „Leben" verknüpft. Ergänzend ist zu bemerken, daß die physiologische Reversibilität der Vorgänge nicht eine Umkehrbarkeit im streng physikalisch-chemischen Sinn sein muß dergestalt, daß sich unter Ausbildung eines Gleichgewichtszustandes die Reaktionsprodukte wieder zu den Ausgangsstoffen zurückbilden. Auf dem Wege des biologischen Abbaues von höhermolekularer organischer Substanz werden vielmehr reaktionsbereite Intermediärprodukte bereitgestellt, die unter fermentativem Einsatz je nach dem Bedarf des Organismus zum Ausgangsstoff zurückführen oder aber zu anderen Verbindungen aufbauend umgeformt werden. Die physiologische Umkehrbarkeit ist in diesem erweiterten Sinne aufzufassen.

Auf dem Gebiet des *Kohlenhydratstoffwechsels* sind als „reversible" Vorgänge bekannt die wichtigen Phosphorylierungen und Dephosphorylierungen, ferner die Reaktionspaare Triose $\rightleftarrows$ Hexose, Aldose $\rightleftarrows$ Ketose, Glucose $\rightleftarrows$ Glykogen, Milchsäure $\rightleftarrows$ Brenztraubensäure, Glyzerin $\rightleftarrows$ Glyzerinaldehyd (Glyzerose), Milchsäure $\rightleftarrows$ Glyzerinaldehyd usw. Wo die chemischen Fähigkeiten des Lebens begrenzt sind, findet die Reversibilität ihr Ende; es kommt zur Bildung von Stoffwechselprodukten, die ausgeatmet (z. B. Kohlendioxyd, das aber nach den Ergebnissen mit isotopem $C^{13}O_2$ carboxylierend auch wieder eingegliedert werden kann) oder als harnfähig ausgeschieden werden (Harnstoff, Schwefelsäure als Ester, Gallenfarbstoffe usw.).

Auch im *Proteinstoffwechsel* sind solche Reaktionspaare bekannt: Benzylalanin $\rightleftarrows$ Benzyltraubensäure, Alanin $\rightleftarrows$ Brenztraubensäure, Aminodicarbonsäuren $\rightleftarrows$ Ketodicarbonsäuren usw. Stellt man sich eine vorher vollzogene Desaminierung der Aminosäuren vor, dann stößt man auf Verbindungen, die zum mindesten teilweise mit denen des intermediären Kohlenhydratstoffwechsels identisch sind.

Was schließlich den *Fettstoffwechsel* betrifft, so hat man, wenn man das Prinzip des sog. β-Abbaues oder des multiplen alternierenden Abbaues zugrunde legt, als Endprodukt mit einem 2-Kohlenstoffsystem nach Art einer aktivierten Essigsäure — vielleicht mit dem Radikal CH_3CO oder mit dem neuerdings viel diskutierten, äußerst reaktionsfähigen Acetylphosphat ($CH_3CO \cdot OPO_3H_2$) identisch — zu rechnen. Schon lange ist ferner bekannt, daß Carboxylgruppen biologisch zur Aldehydgruppe reduzierbar sind. Man stößt dann beim Vorliegen von Essigsäure auf Acetaldehyd, der durch den Bazillus butylicus auf dem Wege der Aldolkondensation in Buttersäure überführbar ist. Auf diese Weise ist zwischen Abbau und Aufbau der Fettsäuren ebenfalls eine gewissermaßen reversible Brücke geschlagen. Sie prägt sich insbesondere durch den experimentell erwiesenen Aufbau von Fettsäuren aus Essigsäure aus:

$$2\,CH_3C^{13}OOH \longrightarrow CH_3 \cdot C^{13}O \cdot CH_2 \cdot C^{13}OOH + CH_3 \cdot C^{13}OOH$$
$$\longrightarrow CH_3 \cdot C^{13}O \cdot CH_2 \cdot C^{13}O \cdot CH_2 \cdot C^{13}OOH.$$

Die hier erörterte „physiologische Reversibilität“ gewinnt eine wesentlich erweiterte Bedeutung, wenn man sich das chemische Wechselspiel zwischen 2 oder mehreren Reaktionspartnern vollzogen denkt. Es sei bloß an die wichtigen Reaktionen erinnert:

Glutaminsäure + Oxalessigsäure $\rightleftarrows$ α-Ketoglutarsäure + Asparaginsäure,

Pyridoxalphosphat + Glutaminsäure $\rightleftarrows$ Pyridoxaminphosphat + α-Ketoglutarsäure,

Pyridoxaminphosphat + Brenztraubensäure $\rightleftarrows$ Pyridoxalphosphat + Alanin.

Chemisch verständlich wird die *physiologische Bildung* der vorerwähnten reaktionsbereiten Intermediärprodukte aus höher- oder hochmolekularer Substanz, wenn man, abgesehen von ihrer unmittelbaren Anwesenheit als Baustein sowie abgesehen von der Mitwirkung von Fermenten, eine entsprechende Disposition der Ausgangsstoffe annimmt. Eine solche Präformierung dürfte sich auch beim *Ablauf von nichtphysiologischen Prozessen* auswirken. Es kann die Hypothese aufgestellt werden, daß *zwischen physiologischen und nichtphysiologischen Vorgängen Parallelen* bestehen. Damit kann auf dem Wege des Analogieschlusses für die Forschung ein wichtiger Ausgangspunkt für präzise Fragestellungen gewonnen und in die verwirrende Fülle der chemischen Umsatzmöglichkeiten bei der Gewinnung, Verarbeitung und Lagerung der Lebensmittel etwas Ordnung gebracht werden.

Weiter vorn wurden bereits aus der Vielzahl der beim intermediären Kohlenhydratstoffwechsel nachgewiesenen Zwischenglieder einige wichtige Vertreter angeführt; zusätzlich sind hier zu erwähnen *Methylglyoxal, Acetaldehyd, Bernstein-, Fumar-, Äpfel-, Oxalessig-, Acetessig-, α-Ketoglutar-, Citronensäure* usw.

Bei der energischen Hitzebehandlung der Saccharide, von der eben beginnenden bis zur weitgehenden Karamelisierung, treten bekanntlich zahlreiche Zersetzungsprodukte auf, die man bisher nur partiell identifizieren kann. Abgesehen von gewissen typisch nichtphysiologischen Produkten primären oder sekundären Umsatzes (Furfurol, Oxymethylfurfurol, Huminstoffe, färbende Stoffe) stößt man bei der Untersuchung z. B. auf *Methylglyoxal* bzw. *Dioxyaceton*, auf *Glyzerinaldehyd*, auf *Milchsäure*, *auf Essigsäure*, *auf Acetoin* bzw. *Diacetyl.* Hierbei aber handelt es sich gerade um solche Abbauprodukte, wie sie vom intermediären Kohlenhydratstoffwechsel her bekannt sind. Auch bei der quantitativen Bestimmung von Zuckerarten nach dem reduktometrischen Verfahren im alkalischen Milieu entstehen erwiesenermaßen ähnliche Verbindungen. Fernerhin kann die reichliche Bildung von Milchsäure beim Erhitzen von Zuckerarten mit Alkali als eine Reaktion in vitro der physiologischen Glykolyse an die Seite gestellt werden.

Mit solchen und ähnlichen Schlußfolgerungen ist die Reichweite der theoretischen Betrachtung noch nicht erschöpft. Das Auftreten von reaktionsbereiten Intermediärprodukten läßt zwangsläufig Wechselwirkungen derselben untereinander und mit anderen Komponenten erwarten. Zu welchen technologischen und ernährungsphysiologisch bedeutsamen Konsequenzen dies führt, möge das folgende Beispiel erläutern:

Es ist erwiesen, daß energische Hitzebehandlung von eiweiß- und kohlenhydrathaltigen Produkten (Rösten, Backen, Aufschluß im Autoklaven unter Überdruck usw.) eine Beeinträchtigung des Ernährungseffektes nach sich ziehen kann, die als typischer Eiweiß- bzw. Aminosäurenmangel aufzufassen ist. Ein Verlust von Aminosäuren braucht dabei analytisch nicht feststellbar zu sein. Auch langfristige Lagerung (z. B. bei Trockenmilch, Trockenei) kann in allerdings geringerem Ausmaß solche nachteilige Veränderungen im Gefolge haben. Die Zusammenhänge sind noch nicht aufgeklärt. Es liegen aber doch schon wichtige Anhaltspunkte dafür vor, daß Wechselwirkungen zwischen Protein und Kohlenhydrat, insbesondere den reaktionsbereiten Abbauprodukten der letzteren, daran beteiligt sind. Die Vorstellung, daß Eiweiß eine unphysiologische Bindung mit Kohlenhydrat oder dessen Abbauprodukten eingeht (z. B. nach Art der SCHIFFschen Basen) und damit den im Organismus wirksamen, spezifisch auf die Peptidbindung ausgerichteten proteolytischen Fermenten nicht mehr zugänglich ist, erscheint ungezwungen und naheliegend.

Auf dem Gebiet der *Eiweißstoffe* ist das Erfahrungsmaterial noch zu klein, um die zweifelsohne zu erwartenden Parallelen zwischen dem Umsatz in vivo und in vitro überzeugend aufzeigen zu können. Der leichte Übergang von Glutamin bzw. Glutaminsäure in Pyrrolidoncarbonsäure beim Erhitzen mit wasserentziehenden Mitteln oder in neutraler wässeriger Lösung dürfte aber der nachgewiesenen Bildung von Prolin im Organismus als Analogon an die Seite gestellt werden können; man hat gezeigt, daß isotop markiertes Ornithin im Körper als Prolin bzw. Glutaminsäure erscheint, während Prolin hinwiederum physiologisch zu Ornithin und Glutaminsäure umgesetzt wird.

Was das Verhalten der *Fette* anlangt, über deren Schicksal in vivo, wie schon erwähnt, vor allem Erfahrungen hinsichtlich der einfachen bzw. multiplen alternierenden β-Oxydation vorliegen, ohne daß man allerdings bisher befriedigende Aussagen über die Einbeziehung der ungesättigten Fettsäuren machen kann, so erscheint es aussichtsreich, umgekehrt von der Seite des unphysiologischen Verhaltens her weitere Schlüsse auf das physiologische Geschehen zu ziehen. Es ist bekannt, daß unsere Nahrungsfette unter dem Einfluß von

Licht (Sonnenlicht) und Luft (Sauerstoff) rasch autoxydativen Veränderungen unterliegen, in deren Gefolge aus den ungesättigten Fettsäuren als charakteristische Abbauprodukte u. a. Aldehyde verschiedenen Aufbaues und verschiedener Molekelgröße entstehen. Unter diesen Aldehyden nimmt der Epihydrinaldehyd eine Sonderstellung ein, der als ein 3-Kohlenstoffsystem genetisch in naher Verwandtschaft zum Glyzerinaldehyd usw. steht und damit eine Brücke zu den Kohlenhydraten schlägt. Wenn man ganz allgemein von der Seite der Fettaldehyde her, die z. B. in den Acetalphosphatiden (Plasmalogene) auftreten, eine Parallele zum Abbau und Aufbau der Fettsäuren ziehen könnte, wäre ein wesentlicher Fortschritt erzielt. Zu solchen Gedankengängen wird man um so mehr veranlaßt, als entgegen den bisherigen Annahmen nach den jüngsten Erfahrungen (H. P. KAUFMANN) die sehr reaktionsbereiten, konjugiert ungesättigten Fettsäuren in — wenn auch kleinen Mengen — den Naturfetten pflanzlicher und tierischer Herkunft weit verbreitet sind.

Die hypothetisch abgeleitete Parallelität zwischen physiologischen und nichtphysiologischen Umsetzungen an Lebensmitteln ist nach den angeführten Beispielen tatsächlich auf lange Strecken des Weges zu beobachten; die Weiterverfolgung wird sich theoretisch und praktisch als von gleich großer Bedeutung erweisen.

5. Modellversuche als Forschungsmethode

Modelle im chemischen Sinn sind Konstruktionen für unübersichtliche, sehr schwierig zu erfassende, meist komplexe Vorgänge, aus deren Gesamtheit Einzelprozesse abstrahierend abgetrennt sind. Dabei muß man sich immer bewußt bleiben, daß damit eben nur ein Teil der Mannigfaltigkeit erfaßt wird, ein Teil, der mit der Ganzheit der Prozesse unlösbar verbunden ist. Der Gültigkeit von Schlußfolgerungen aus dem Modellversuch werden dadurch enge Grenzen gezogen, deren Überschreitung leicht zu Fehlschlüssen Anlaß sein kann. Dies trifft insbesondere auf die physiologischen Umsetzungen zu, bei denen eine Vielheit von Reaktionen unlösbar miteinander verknüpft ist; gerade das gleichzeitige Mit- und Nebeneinander von energieliefernden und energieverbrauchenden Vorgängen ist ein Kennzeichen der Chemie des Lebens. Trotz dieser Einschränkungen sind Lebensmittel- und Ernährungsforschung im Hinblick auf die Kompliziertheit der zu bearbeitenden Probleme auf den Modellversuch angewiesen, und sie haben daraus reichen Nutzen gezogen.

Alles Leben stammt vom Leben ab. An das Leben gebunden ist die Bildung von Fermenten, die als souveräne Werkzeuge die Natur zu ihren überwältigend großen chemischen Leistungen befähigen. Es kann nicht wundernehmen, daß der Forscher, um ihre Wirkungsweise zu erkennen und in diese Geheimnisse einzudringen, zum bewußt gelenkten und überschaubaren Modellversuch greift. Er trennt die Fermente aus der lebendigen Substanz in behutsamer Weise ab, er schafft ein zweckmäßiges, in allen Einzelheiten bekanntes Reaktionsmilieu und ist damit in der Lage, die Kinetik der ablaufenden Vorgänge zu studieren. Auf diese Weise ist es gelungen, tiefe Einblicke in die Wirkungsweise sowohl der Verdauungs- wie auch der Zellenzyme zu gewinnen. Die in vorsichtiger Weise aus den Ergebnissen gezogenen Schlußfolgerungen haben die Theorie wesentlich befruchtet und zu so mancher praktisch wichtigen Nutzanwendung z. B. in der Technik der Gärungsgewerbe sowie in der Therapie (bewußter Einsatz zur Regelung der Verdauung durch Darreichung von proteolytischen [Pepsin, Papain, Pankreatin, Trypsin usw.] oder von carbohydratischen Fermenten [z. B. Diastase, Cellulase]) geführt.

Man ist einen Schritt weitergegangen. Die Frage nach der Verdaulichkeit eines Lebensmittels versucht man in vitro zu lösen, indem man im Modellversuch das zu prüfende Produkt der Einwirkung von Fermenten aussetzt und analytisch das Geschehen verfolgt. Ein solcher Verdauungsversuch unterscheidet sich aber vor allem in einem Punkte grundsätzlich von der Chemie des Lebens. Man muß sich bewußt sein, daß sich mit dem Voranschreiten der fermentativ hydrolytischen Vorgänge im Reagensglas die Reaktionsprodukte anreichern und nach den Gesetzen des chemischen Gleichgewichtes den zu prüfenden Umsatz hemmen. Im Verdauungstraktus hingegen kann die Hydrolyse, da die Hydrolysierungsprodukte fortlaufend resorbiert werden, zu Ende gebracht werden. Diese Tatsache des Ablaufes von Prozessen im „offenen“ oder im „geschlossenen“ System darf nicht außer acht gelassen werden.

2

Und noch einen Schritt weiter ist man gegangen. Man hat unmittelbar Modelle für Fermente selbst konstruiert, um deren Wirkungsweise nachzuahmen. Hierzu ist das von O. WARBURG entwickelte System des „Atmungsfermentes" zu erwähnen, das eine durch Verkohlen von Blut dargestellte Blutkohle ist. Von W. LANGENBECK sind fernerhin in systematisch-empirischer Weise Verbindungen synthetisiert worden, z. B. substituierte Methylamine, die in ihrem Verhalten mit dem Ferment Carboxylase verglichen werden können, d. h. mit jenem Enzym, das aus dem wichtigen Produkt des Intermediärstoffwechsels, der Brenztraubensäure, Kohlendioxyd abspaltet. Mit dieser Modellsubstanz ist die Frage der physiologisch wichtigen Decarboxylierung (und Carboxylierung) in einfacher Weise der Bearbeitung erschlossen worden.

Als Modellversuche mit den erforderlichen Einschränkungen sind ferner die theoretisch so fruchtbaren Versuche mit „überlebenden" Organen, mit Gewebsbreien, mit geeigneten Kleinlebewesen oder mit Tieren (Vitamin-Fütterungsversuche) zu werten, ohne die der Physiologe seiner wichtigsten Forschungsmittel beraubt wäre. Immer aber ist bei der Übertragung auf den Menschen, auf die Chemie des Lebens, die zwingend erforderliche „reservatio mentalis" zu machen. Dies gilt in Sonderheit auch für den Modellversuch mit den durch isotope Elemente gekennzeichneten Nährstoffen, wodurch zahlreiche Probleme der chemischen Physiologie der experimentellen Bearbeitung erschlossen worden sind; denn man geht dabei von der Voraussetzung aus, daß sich ein isotopes Element, unbeschadet seiner etwas veränderten Diffusionsgeschwindigkeit, im Organismus ebenso verhält wie das normale Element und daß die radioaktive Wirksamkeit gewisser Isotope für den Stoffwechsel ohne Belang ist.

6. Aufgaben der Lebensmittelanalytik

Nirgends tritt die Notwendigkeit, durch deduktive und induktive Schlußfolgerungen die Forschungsrichtung und -weise auf klar umrissene Ziele auszurichten, stärker und eindringlicher hervor als auf dem Gebiet der Lebensmittelanalytik. Unsere Nahrung stellt sich, wie wiederholt erwähnt, als ein überaus vielteiliges Gemisch von Komponenten dar. Dieselben treten in grundsätzlich verschiedenen Konzentrationen auf. In ihren chemischen Eigenschaften bestehen gruppenweise oft nur geringfügige Unterschiede, wodurch die präparative Verteilung und mengenmäßige Erfassung sehr erschwert werden. Hinzu kommt, daß der besondere physikalisch-chemische Zustand dieser organischen Substanz ein Übriges tut, die analytischen Schwierigkeiten zu vermehren.

Bei einer solchen Lage der Dinge nimmt es nicht wunder, daß sich die Analytik der Lebensmittel notgedrungen bisher auf die Erfassung der wichtigsten Bestandteile, vielfach nicht in differenzierender, sondern in bloß gruppenweiser Bestimmung (Ätherextrakt, Stickstoffsubstanz, titrierbare Säure usw.) beschränken muß. Und so sind wir heute noch weit davon entfernt, über den Aufbau unserer Nahrung in qualitativer und quantitativer Beziehung wirklich erschöpfende Aussagen machen zu können. Die Grundlage einer abschätzenden und gruppenweise summarischen Analyse ist aber zu schmal für die Abgabe eines gesicherten Urteils in chemischer, technologischer und ernährungsphysiologischer Hinsicht. Diese Mängel beeinträchtigen in entscheidender Weise den Fortschritt. Man braucht bloß an die bei vielen Eiweißstoffen nur lückenhaft bekannte Zusammensetzung hinsichtlich der Aminosäuren-Bausteine zu denken; es genügt hervorzuheben, daß fast jede neuerliche Untersuchung eines Fettes mit verfeinerter Versuchsmethodik bisher unbekannte Fettsäuren (z. B. konjugiert ungesättigte Fettsäuren in Naturfetten), das Vorhandensein übersehener Fettbegleiter usw. erkennen läßt. Die Aufgaben der Lebensmittelanalytik und Ernährungsforschung sind deshalb überaus vordringlich und für die Vertiefung der Erkenntnis unerläßlich. In dieser Richtung sind in den letzten Jahren wesentliche Fortschritte erzielt worden.

Neben der methodologischen und apparativen Ausrüstung ist für die Entwicklung eines Forschungsgebietes von großer, wenn nicht größerer Bedeutung die präzise und klar formulierte Fragestellung. Wenn man weiß, was an Bestandteilen zu ermitteln ist, in welcher Größenordnung die Komponenten zu erwarten sind, ist die erfolgversprechende Voraussetzung für die Auswahl von Arbeitsmethode und -gerät gegeben. Man gewinnt damit über ein vom Zufall beeinflußtes Suchen und Probieren hinaus die höhere Ebene der zielbestimmten und zielbekannten Aufgabe. Diese Möglichkeit steht der Lebensmittelanalytik in fruchtbarer Weise zur Verfügung, wenn sie sich die Auffassung zu eigen macht, daß ihre Untersuchungssubstrate physiologisch-chemische Substanz darstellen und daß sie Bestandteile enthalten müssen, mit denen die Stoffwechselphysiologie sich beschäftigt. Werturteile der letzteren können sinngemäß auch für die Lebensmittel zutreffen; damit sind Aufgabe und Ziel der Analytik gedanklich von einer wichtigen Seite her ausgerichtet. Es gilt, eine möglichst umfassende Bilanz über den Aufbau der Nahrung in makro- und mikrochemischer Hinsicht aufzustellen und das Urteil vom physiologisch-chemischen Standpunkt aus zu fällen.

Im nachstehenden Schema sind die wichtigsten Vorstellungen zusammengefaßt, die man sich heute über die stoffwechselchemische Verflechtung der drei Hauptnährstoffe gebildet hat.

Stoffwechselchemische Beziehungen zwischen den drei Hauptnährstoffen.

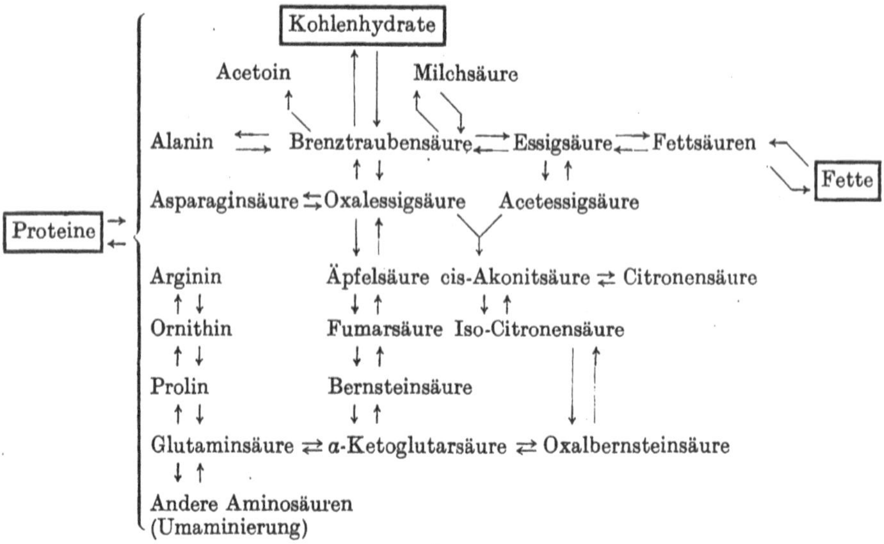

Als Intermediärprodukte, die Brücken schlagen, treten zahlreiche organische Säuren auf. Man darf sie in wenn auch geringer Konzentration, unterschiedlich je nach der Art der Lebensmittel, erwarten; ihr Auftreten ist physiologisch-chemisch ursächlich begründet. Vergleicht man damit unsere bisherigen analytischen

Kenntnisse, so empfindet man die bestehenden Mängel in eindrucksvoller Weise. Hinzu kommt, daß gerade diese reaktionsbereiten Zwischenstoffe im Hinblick auf ihren weiteren Umsatz und auf ihre Wechselwirkung untereinander oder mit anderen Bausteinen sinnes- und ernährungsphysiologisch von Einfluß sein können. Das Schema stellt gewissermaßen ein umfassendes Forschungsprogramm dar.

Aus der Statistik der Analyse ist bekannt, daß *Acetoin* bzw. *Diacetyl* in vielen tierischen Sekreten (Milch, Blut, Harn) spurenweise vorhanden sind. Die Wirkung des Diacetyls als zusagender natürlicher Duftstoff („Butteraroma"), in Butter, Honig, Kunsthonig, Back- und Röstwaren enthalten, ist erwiesen; sichergestellt ist auch die Bildung durch Milchsäurebakterien beim Säuern der Milch. Bei dieser weiten Verbreitung in der Natur wird die Frage nach der Herkunft laut; sie kann in physiologisch-chemischer Betrachtung leicht beantwortet werden. Die Muttersubstanz ist die wiederholt erwähnte, im Intermediärstoffwechsel wichtige Brenztraubensäure, die bei der Decarboxylierung (durch Carboxylase) Acetaldehyd liefert, der teils zu Essigsäure umgesetzt bzw. zum

Essigsäure

↑

Brenztraubensäure ⟶ Acetaldehyd + Kohlendioxyd

↓

Acetoin bzw. Diacetyl

Wiederaufbau verwendet wird, in einer Nebenreaktion aber Acetoin bzw. Diacetyl (Ferment aus Herzmuskel) liefert; letzterer Umsatz wird nach W. Langenbeck beim Vorhandensein von Brenztraubensäure im Überschuß begünstigt. Zu erwarten ist also, daß in Geweben und Flüssigkeiten mit regem Kohlenhydratumsatz Acetoin bzw. Diacetyl wenigstens spurenweise auftreten. Es erscheint verlockend und wichtig, diesen Zusammenhängen auf gesicherter analytischer Basis weiter nachzugehen.

Beim physiologischen β-Abbau bzw. beim multiplen alternierenden Abbau der Fettsäuren fällt als Spaltprodukt ein 2-Kohlenstoffsystem an, das man als aktivierte Essigsäure (bzw. Acetylphosphat) betrachtet. Diese endogene Essigsäure steht, entsprechend dem vorangehenden Schema, gewissermaßen im Verkehrsknotenpunkt von Fett-, Eiweiß- und Kohlenhydratumsatz. Es fällt auf, daß man diese Säure in Geweben oder biologischen Flüssigkeiten nicht oder nur vereinzelt hat nachweisen können. Jüngst erst ist es gelungen, sie aus der Leber zu isolieren (als 2,4-Dinitrophenylhydrazid), wobei allerdings wegen ihrer großen Reaktionsbereitschaft besondere Vorsichtsmaßnahmen getroffen werden mußten. Die Mengen, die gebildet werden, sind erheblich; man hat für 100 g Ratte pro Tag rund 1 g gefunden.

Von diesem Befund her ist eine Brücke zu der Feststellung von H. P. KAUFMANN zu schlagen, wonach im Samenfett der Rosacee Impatiens Roylei ein Acetodiparinin auftritt, bei dem auf 2 Mol Parinarsäure 1 Mol Essigsäure kommt. Hier ist, wie bereits erwähnt, erneut darauf hinzuweisen, daß bei Tierversuchen mit isotop markierter Essigsäure Fettsäuren mit alternierend eingebauten C^{13}-Atomen (vgl. früher) auftreten, ein Hinweis für die Heranziehung der Essigsäure um Fettsäureaufbau. Alle diese Tatsachen zwingen dazu, der Essigsäure im physiologisch-chemischen Geschehen eine bedeutsame Rolle zuzuweisen.

Im Rahmen des vorangehenden Schemas ist auf die Erörterung der Mitwirkung von Fermenten verzichtet worden. Es wurden nicht betrachtet die vielfältigen Phosphorylierungen und Dephosphorylierungen, die im Stoffwechsel stattfinden. Bedeutsam erscheint ferner eine eingehende Bilanz unserer Lebensmittel über die Verbreitung des Inosites, der an Stelle von Glyzerin in gewissen Phospholipoiden (Kephalin) auftritt, der als lipotrope Substanz die Verfettung der Leber verhindert, der als Phytin (Hexaphosphorsäureester des Inosites) rachitogene Eigenschaften (Calciumbindung) entfaltet und dessen direkter Übergang in Glukose im Organismus erwiesen ist.

Was vorangehend für einige spezielle Stoffe hinsichtlich der Unzulänglichkeit unserer analytischen Kenntnisse ausgeführt worden ist, gilt ganz allgemein für alle Hauptnährstoffgruppen. Weder die Fette, noch die Proteine und die Kohlenhydrate sind in ihrem Zustand, bausteinmäßig und ihrer Struktur nach ausreichend aufgeklärt, damit einer exakten analytischen Behandlung nicht zugänglich und in ihrem Wert nur partiell beurteilbar. Dem fügt sich das große Gebiet der Wirkstoffe an.

So bieten sich der Analytik in fast verwirrender Vielfältigkeit Probleme über Probleme dar, deren Lösung vom Standpunkt der chemischen Physiologie aus wesentlich gefördert werden kann.

7. Aufgaben der Lebensmitteltechnologie

Neben den Verfahren einer mehr physikalischen Bearbeitung der Lebensmittel (wie Reinigen, Sichten, Zerkleinern, Vermahlen, Pressen, Filtrieren usw.) sind diejenigen einer stoffverändernden chemischen Beeinflussung (vor allem Wärmebehandlung) von besonderer Bedeutung. In diesem Zusammenhang sind ferner jene Vorgänge zu erwähnen, die sich bei der Lagerhaltung unter biologischen (Kleinlebewesen) oder unter rein chemischen Einflüssen abspielen, z. B. autoxydative Veränderungen bei Fetten. Gegen die dabei ablaufenden beeinträchtigenden Prozesse führt die Lebensmittelindustrie seit jeher einen schweren Kampf, der meist aber nur partielle Erfolge gezeitigt hat. Alle Bemühungen werden grundsätzlich dadurch erschwert, daß man über den Chemismus der stattfindenden Vorgänge nur lückenhaft unterrichtet ist.

Was diesen *chemischen Umsatz* anlangt, so ist zu beachten, daß die die Substanz der Lebensmittel konstituierenden Komponenten vielfach mit recht unterschiedlichem Reaktionspotential nebeneinander vorhanden sind. Solange ein solches Stoffgemisch physiologisch geordnet ist, solange also die früher erwähnten regulierenden Faktoren des Lebens wirksam sind, ist dieses Nebeneinander möglich, bzw. es ist dafür gesorgt, daß unphysiologische Vorgänge praktisch nicht eintreten. Wenn aber diese Ordnung durch die Eingriffe der Verarbeitung gestört wird, können die nebeneinander liegenden reaktionsbereiten Bestandteile zum Umsatz kommen bzw. miteinander in Wechselwirkung treten. Hierbei werden sich gleichzeitig die Einflüsse der Umgebung (Wärme, Licht, Luft, Wasser) geltend machen. Auf diese Weise sind mannigfache unphysiologische Umsetzungen zu erwarten, die gemäß dem Gesetz der Entropie bevorzugt zum Abbau leiten. Die sich im Gefolge davon ergebenden Auswirkungen müssen sinnes- und ernährungsphysiologisch sowie technologisch betrachtet werden; das früher angeführte Beispiel des wechselseitigen Umsatzes von Eiweiß und Kohlenhydraten, dessen ernährungsphysiologische Reichweite mangels eingehender Untersuchungen noch nicht abgesteckt werden kann, ist hier als Beleg anzuführen.

Die große *Reaktionsbereitschaft der Fette* nach ihrer Abtrennung von der Muttersubstanz schon unter den milden Bedingungen der

Faktoren der Umgebung prägt sich in ihrer starken Neigung zur Autoxydation und zur Zersetzung (Verderben) aus. Dieses technologisch und volkswirtschaftlich sehr nachteilige Verhalten ist auch ernährungsphysiologisch von Belang insofern, als autoxydierte Fette Abbauprodukte enthalten, die zu einer sinnesphysiologisch begründeten Genußuntauglichkeit führen, ganz abgesehen davon, daß solche im Zustand fortgeschrittener Zersetzung sich befindliche Produkte pharmakologisch nicht unbedenklich sind. Zusätzlich sei bemerkt, daß mit einer solchen Autoxydation mittelbar sehr unerwünschte Auswirkungen verknüpft sind. Die entstehenden peroxydischen Verbindungen, deren oxydierende Kraft sehr stark ist, ziehen die Oxydation und damit das Unwirksamwerden wichtiger Begleitstoffe nach sich. So kann es dabei zu einer weitgehenden Zerstörung der Vitamine A und D, des Biotins, des Carotins usw. kommen.

Zahlreiche Zweige der Lebensmittelindustrie müssen den Kampf gegen das Fettverderben führen. Alle Mühen der letzten Dezennien haben aber bisher nur Teilerfolge erzielen lassen. Letzte Ursache dafür ist, daß das statthabende chemische Geschehen (Verlauf als Kettenreaktion) bisher nur unzulänglich überblickt werden kann. Aus der Enge des vom Zufall beherrschten Probierens hat man den Weg zum wissenschaftlich begründeten, zielsicheren Arbeiten in befriedigender Weise noch nicht gefunden. Es liegt aber begründeter Anlaß zur Annahme vor, daß durch den rationellen Einsatz von sog. Fett-Antioxygenen, deren sich die Natur im weiten Umfange bedient, weitere Erfolge erzielbar sind.

Was vorhergehend an einem speziellen Problem der Lebensmitteltechnologie dargelegt worden ist, gilt sinngemäß für das ganze Gebiet. Ob es sich um das Bitterwerden von Erzeugnissen (Hafer, Mais, Soja, Lecithin, Trockenei) handelt, um das „Strohigwerden“ von Trockengemüse, von Gefrierfleisch, um die Verfärbungen bei Obst- und Gemüsekonserven, ob ganz allgemein eine beeinträchtigende Alterung der Lebensmittel zur Diskussion steht, immer setzen die zu ergreifenden Gegenmaßnahmen die Kenntnis und Beherrschung der obwaltenden chemischen Vorgänge voraus.

Es bedarf keiner Beweisführung, daß die Lebensmittel als Erzeugnisse der lebenden Natur meist günstige Nährsubstrate für Kleinlebewesen abgeben. Der Mensch macht davon seit altersher nützlichen Gebrauch, indem er ihre Wirkungen bewußt zu Veredelungsvorgängen heranzieht (Sauerteig- und Hefelockerung bei Gebäck, alkoholische Gärung, Sauerkohlbereitung, Reifung des Rahmes für Butter, Reifung des Käses usw.). Ebenso zahlreich sind aber jene Wirkungen von Mikroorganismen, die einen Abbau der Lebensmittelsubstanz in beeinträchtigender Weise vollziehen und dadurch zu einer sinnesphysiologischen oder gar pharmakologischen Genußuntauglichkeit Anlaß geben. Physikalische Verfahren (Pasteurisierung, Bestrahlung, tiefe Temperaturen, Filtrieren usw.) sowie chemische Stoffe (Konservierungsmittel) werden als Abwehrmaßnahmen mit mehr oder minder großem Erfolg eingesetzt. Noch aber sind die Ergebnisse, z. B. bei der Anwendung von Konservierungsmitteln, unbefriedigend, da man in ihrer Konzentration aus pharmakologischen Gründen an Grenzen gebunden ist, die das Ziel der Erhaltung nur teilweise erreichen lassen. Hier stehen Aufgaben zur Lösung, die aus den eingefahrenen Gleisen der Vergangenheit auf eine höhere Ebene gehoben werden müssen. Es erscheint aussichtsreich, das Gebiet der neuerdings so erfolgreich erschlossenen Antibiotika für diesen Sektor zu erschließen.

Volkswirtschaftlich und ernährungsphysiologisch ist der Lebensmitteltechnologie als Idealziel die Aufgabe zu stellen, nicht nur qualitätserhaltend, sondern darüber hinaus qualitätssteigernd zu arbeiten. Bei der Produktionsweise muß deshalb der Maßstab einer scharfen Kritik angelegt werden. Es dürfen bei der industriellen Verarbeitung äußerliche, vermeintliche oder auch wirkliche Teilvorteile nicht mit schwerwiegenden, nicht vertretbaren Nachteilen (z. B. im Ernährungseffekt) erkauft werden. Um dem vorzubeugen, ist eine innige Verknüpfung von theoretischer Forschung und praktischer Zielsetzung unerläßlich. Dies ist nur möglich, wenn man die Fesseln des Althergebrachten sprengt, wenn der Chemiker und Physiologe ihre „Betriebsblindheit", der Ingenieur seine „Rohstoffblindheit" überwinden. Es ist eine enge Gemeinschaftsarbeit der beteiligten Disziplinen zu fordern, damit Aufbereitungs- und Maschinentechnik mit den Gegebenheiten der Lebensmittelsubstanz und insbesondere mit den Forderungen der Ernährungsphysiologie in Einklang gebracht werden. Als unverrückbares Prinzip hat zu gelten, daß es die Lebensmittelindustrie nicht mit einem zufälligen Gemisch von chemischen, von toten Verbindungen zu tun hat, sondern mit einer aus dem Leben stammenden, überaus empfindlichen Substanz, deren wertvolle Eigenheiten durch streng abgestimmte Behandlungsverfahren zu wahren sind.

8. Normale und anormale Lebensmittel

Es ist eine Erfahrungstatsache der chemischen Physiologie, daß sich bei Störungen der Harmonie des Stoffwechselgeschehens anormale, „pathologische" Prozesse durchsetzen, die im geordneten Ablauf als Nebenreaktionen ohne Belang sind und unterdrückt werden. Solche Nebenreaktionen werden, was hier interessiert, an der Bildung von physiologisch fremdartigen, abträglichen, vielfach sogar die Gesundheit bedrohenden Umsetzungsprodukten offenkundig. Bekannt ist dies z. B. bei der Fehlleitung des Kohlenhydratumsatzes (Zuckerkrankheit), wobei gewisse nicht weiter verarbeitete „Ketonkörper" (Acetessigsäure, β-Oxybuttersäure, Aceton) liegenbleiben. Alkaptonurie, Cystinurie usw. seien als weitere Beispiele aus der großen Zahl von „Stoffwechselerkrankungen" angeführt.

Es ist weiterhin bekannt, daß Vitaminmangel Störungen sehr verschiedenartiger Auswirkungen im Gefolge hat, die chemisch-stofflich in Erscheinung treten; es sei nur hingewiesen auf die Wechselbeziehungen zwischen Vitamin B_1-Mangel und der Nebennierenrinde, wobei eine vermehrte Fettbildung Platz greift, die sich primär im erhöhten Fettgehalt des Blutes abzeichnet.

Aus solchen Tatsachen ist die Folgerung zu ziehen, daß mit den Störungen des Stoffwechsels eine Veränderung der normalen Zusammensetzung des Körpers einhergeht. Überträgt man diese Gedankengänge ganz allgemein auf die belebte Natur als die Lieferantin unserer Lebensmittel, dann muß deren Beschaffenheit vom Zustand des Mutterorganismus abhängen. Es kann also einerseits mit normalen und anderseits mit anormalen Produkten gerechnet werden. In welcher Richtung und in welchem Ausmaß dadurch der Ernährungseffekt beeinflußt wird und von den aus der Norm gefolgerten Anforderungen abweicht, soll dahingestellt bleiben. Es erscheint aber nicht unwichtig, unsere Lebensmittel auch von dieser Seite her zu betrachten; hierfür ein Beispiel aus unserer Zeit.

Die Mangelernährung in den Kriegs- und Nachkriegsjahren hat sich nicht nur beim Menschen, sondern auch bei den landwirtschaftlichen Nutztieren ausgewirkt. Diesbezügliche statistische Untersuchungen lehren, daß z. B. beim normalen Rind (Schlachtklasse A) das Nierenfett bei etwa 0,4% Wasser rund 97% Fett enthält; bei Tieren der Schlachtklasse D werden demgegenüber im gleichen Fettgewebe bei rund 63% Wasser nur mehr etwa 29% Fett gefunden; bei letzterem Nierenfett ist das übliche Ausbraten zur Abtrennung des Fettes nicht mehr möglich.

Die veränderte Zusammensetzung eines abgemagerten Hungertieres prägt sich noch in einer anderen Richtung scharf aus. Es ist bekannt, daß der Lebensmittelchemiker für die Beurteilung des Wassergehaltes einer Wurst als orientierendes Kriterium die sog. FEDERsche Verhältniszahl heranzieht. Dieselbe gründet sich auf die Beobachtung, daß beim Fleisch normaler Tiere das Verhältnis des natürlichen Wassergehaltes zum Gehalt an organischem Nichtfett nur innerhalb relativ enger Grenzen schwankt. Bei Hungertieren aber ist diese Verhältniszahl so stark erhöht, daß die Möglichkeit einer bewertenden Beurteilung nach diesem Untersuchungsverfahren nicht mehr besteht.

Der Gesichtspunkt, nicht nur allgemein nach der Herkunft, sondern speziell auch nach dem Zustand des das Lebensmittel liefernden Tieres oder der produzierenden Pflanze zu fragen, erscheint nach den vorangehenden Ausführungen als von nicht nebensächlicher Bedeutung. Wenn man diese Gedankengänge verallgemeinert, wird man zu weiteren, sehr bedeutsamen Folgerungen hinsichtlich der landwirtschaftlichen Urproduktion überhaupt geführt. Kultur der Pflanzen und Züchtung der Nutztiere dürfen nicht einseitig auf die Steigerung des Ertrages ausgerichtet sein, sondern es ist insbesondere der Qualität, d. h. dem ernährungsphysiologischen Nutzeffekt, gebührende Aufmerksamkeit zu schenken. Ein Mehrertrag hinsichtlich der Menge kann sich bei abgesunkener ernährungsphysiologischer Wertigkeit u. U. als ein Rückgang auswirken.

9. Ausblick

Man kann sich nicht des Eindruckes erwehren, daß die bisherige chemisch-stoffliche Betrachtung der Lebensmittel recht einseitig von mechanistischen Gesichtspunkten geleitet worden ist und damit einen gewissen Zustand der Starrheit angenommen hat. Derselbe steht im auffälligen Gegensatz zu dem fließenden, vielfältigen Geschehen des Stoffwechsels und der damit verknüpften Ernährung. Das, was wir „Lebensmittel" nennen, ist gleichsam eine Episode im Aufbau, Umbau und Abbau der organischen Materie. Sie stammt aus dem Leben, sie kehrt als Nahrung in das Leben zurück. Will man den wahren Inhalt dieser Episode auswerten, dann ist Kenntnis sowohl ihrer Ursache, hier Herkunft der Lebensmittel, wie auch ihrer Auswirkung, hier Ernährungseffekt, unabdingliche Voraussetzung. Der Weg zu einer solchen Ganzheitsbeurteilung dürfte wesentlich durch die physiologisch-chemische Betrachtungsweise mitbestimmt werden. An die Stelle einer mechanistisch erstarrten Lebensmittelforschung wird damit eine funktionelle Lebensmittelchemie gesetzt werden, die neue Gesichtspunkte und neue Ziele erkennen läßt. Auf diese Weise dürfte so mancher Beitrag zu jener von HIPPOKRATES formulierten Forderung geliefert werden können, daß unsere Lebensmittel Heilmittel und unsere Heilmittel Lebensmittel sein sollen.

Literaturhinweise

F. L. Breusch, Die Verbrennung der Fettsäuren im tierischen Organismus. Angewandte Chemie **62**, 66—72 (1950). F. Haurowitz, Fortschritte der Biochemie 1938—1947. Verlag S. Karger, Basel - New York 1948. J. Kühnau, Biochemie des Nahrungseiweißes. Angewandte Chemie **61**, 357—365 (1949). W. Langenbeck, Die organischen Katalysatoren. Springer-Verlag, Berlin - Göttingen - Heidelberg 1949. E. Lehnartz, Einführung in die Chemische Physiologie. Springer-Verlag, Berlin - Heidelberg 1947. H. M. Rauen, Über den Intermediärstoffwechel der Fettsäuren. Ztschr. für Naturforschung **3b**, 222—230 (1948). K. Täufel, Entwicklungslinien der Lebensmittelforschung. Universitas **4**, 945—950 (1949).

Buchdruckerei F. Mitzlaff, Rudolstadt (408)

www.ingramcontent.com/pod-product-compliance
Lightning Source LLC
LaVergne TN
LVHW091732021026
849161LV00003BB/581
* 9 7 8 3 1 1 2 6 5 7 9 5 9 *